动物也一样！

它们和你做同样的事

〔加〕埃塔·卡纳尔（Etta Kaner）著
〔加〕玛丽莲·福奇尔（Marilyn Faucher）绘
冯少人 译

重庆出版集团 ⊙ 重庆出版社

你喜欢**跳舞**吗？

蜜蜂也一样！

蜜蜂通过跳舞告诉伙伴们花蜜多的花朵在哪里。

如果花朵离得近，它们就跳"圆圈舞"，如果花朵离得远，它们就跳"8"字形的摆尾舞。而通过面朝太阳或背朝太阳飞舞，蜜蜂告诉伙伴们花蜜在哪个方向。

你喜欢玩**捉迷藏**吗?

瞪羚也一样！

瞪羚很喜欢玩追来追去的游戏。

对于灵敏矫健的瞪羚来说，追逐并不仅仅是一种游戏，还有着实际的作用。小瞪羚会因此变得更强壮，也跑得更快，这对在开阔的平原上躲开猎食者的追捕非常重要。

你喜欢玩**跳山羊**吗?

牛背鹭也一样！

不只是好玩，"跳山羊"还是牛背鹭的捕食方式。

牛背鹭一般分成两组联合行动：一组在前面，负责把草丛里的昆虫赶出来；一组在后面，越过前面的一组进行空中拦截。这样交替进行，两组牛背鹭都可以吃得饱饱的。

你喜欢**吹泡泡**吗？

15

灰树蛙也一样！

16

这些小家伙会在水面附近的树枝上筑起它们的泡泡巢。

首先，雌蛙分泌出一种黏性液体。接着，大伙儿用强壮的后腿一起用力地蹬呀蹬，把空气挤压进液体里，形成一串串的小泡泡——就像我们洗澡时搓出来的泡泡一样。随后，雌蛙把卵产在这个泡泡巢里。

几天后，小蝌蚪们出生了，它们落入巢下方的水里，慢慢长成英俊的树蛙王子或漂亮的树蛙公主。

你喜欢在园子里**种植作物**吗?

切叶蚁也一样！

20

这种热带昆虫通过互相协作，为自己的蚁群种植食物。

首先，它们把切下的新鲜碎叶片运到地下的巢穴里。然后，它们用强有力的双颚把叶子切成更小的碎块，并嚼成糊状，铺在地上。这种糊状物其实是一个菌床，上面会长出白色的真菌（比如蘑菇），它们是切叶蚁的美食。

你喜欢**骑在大人背上**吗?

狨猴也一样！

小狨猴喜欢被背着走来走去。

一般情况下，会有两只小狨猴同时出生。两只小狨猴加起来差不多有妈妈的一半重，这对狨猴妈妈来说可是个不轻的负担。因此当小狨猴妈妈出去觅食的时候，小狨猴的爸爸和哥哥姐姐们就会来帮忙。小家伙骑在它们的背上到处转悠，可自在了。

你有 **保姆** 吗?

27

火烈鸟也一样！

28

　　火烈鸟父母外出觅食时，会把它们的小宝宝留给火烈鸟"保姆"照看，有时一个"托儿所"竟然能有几千只小火烈鸟呢！火烈鸟宝宝们淘气起来可不得了，要好好下功夫去照料。

　　有趣的是，父母回来认领自己的小宝宝时却毫不费力，它们只要竖起耳朵听一听就行了，因为每只火烈鸟宝宝的叫声都不一样。

29

更多动物知识

蜜蜂是在世界各地都很常见的一种昆虫。因为冬天没有花朵可以采蜜，它们会生产和储存蜂蜜过冬。

瞪羚是羚羊的一种，生活在非洲和亚洲。它们是出色的运动员，奔跑速度可达每小时 60 英里（97 公里）——是人类最快速度的两倍！

牛背鹭属于小型鹭类的一种，一般栖息在田野和湿地里。它们喜欢守在牛或奶牛旁边，因为牛蹄会把草里的飞虫赶出来，这些飞虫是牛背鹭的美食。

灰树蛙生活在非洲，会建造泡泡巢。灰树蛙会变换灰色、棕色和白色几种颜色，通过伪装自己融入周围的环境。

切叶蚁一般生活在中美洲和南美洲的温暖地带。它们体形虽小但力量强大，甚至可以举起比自己重50倍的叶子，且依然行动自如。

狨猴是生活在中美洲和南美洲的一种猴类，侏儒狨猴是世界上最小的猴，只有成年人的巴掌大。

火烈鸟栖息在世界各地的浅水湖泊和泻湖里，它们的幼鸟是灰色或白色的，长大后羽毛的颜色会变成粉色、红色或者橘色，非常艳丽。

献给本杰明——是你点亮了我们的生活。
——埃塔·卡纳尔

献给我的妈妈，是你让我跟你一样爱上了动物。
——玛丽莲·福奇尔

致 谢

出版一本书往往是一个团队共同努力的结果，本书尤其如此。在此衷心地感谢凯蒂·斯科特在编辑本书时的细心、创造力和幽默感，也衷心地感谢玛丽莲·福奇尔惹人喜爱的绘图，还要衷心地感谢迈克尔·赖斯和玛丽·巴塞洛缪专业的设计。

本书中文简体版权通过博达著作权代理有限公司代理，由 Kids Can Press Ltd. 授权青豆书坊（北京）文
化发展有限公司代理，重庆出版集团出版，重庆出版社在中国大陆地区独家出版发行。未经出版者书
面许可，本书的任何部分不得以任何方式抄袭、节录或翻印。
版权所有，侵权必究。

版贸核渝字（2017）第 273 号

图书在版编目（CIP）数据

动物也一样！它们和你做同样的事 /〔加〕埃塔·卡
纳尔著；〔加〕玛丽莲·福奇尔绘；冯少人译 . —重庆：
重庆出版社，2018.3
ISBN 978-7-229-12963-7

Ⅰ.①动… Ⅱ.①埃… ②玛… ③冯… Ⅲ.①动物—
儿童读物 Ⅳ.① Q95-49

中国版本图书馆 CIP 数据核字（2017）第 321818 号

动物也一样！它们和你做同样的事
DONGWUYEYIYANG! TAMENHENIZUOTONGYANGDESHI
〔加〕埃塔·卡纳尔 著　〔加〕玛丽莲·福奇尔 绘　冯少人 译

责任编辑：孙　曙　敖知兰
特约编辑：胡玉婷
封面设计：田　晗

重庆出版集团
重庆出版社　出版

重庆市南岸区南滨路162号1幢　邮政编码：400061　http://www.cqcb.com
鹤山雅图仕印刷有限公司印刷　青豆书坊（北京）文化发展有限公司发行
Email: qingdou@qdbooks.cn　邮购电话：010-84675367

全国新华书店经销

开本：787mm×1092mm　1/12　印张：3　字数：30千字　2018年3月第1版　2021年4月第2次印刷
ISBN 978-7-229-12963-7

定价：36.80元

如有印装质量问题，请向青豆书坊（北京）文化发展有限公司调换，010-84675367